发生在人体里的科普童话

氧精灵见闻记

赵静 著　李依芯 刘朝阳 绘

人民卫生出版社
·北京·

不管是在花园看蝴蝶飞舞，还是到河边看小鱼游泳，我们都会不知不觉地吸气、呼气，再吸气、再呼气。哇，这样感觉好舒服呀！

充足的氧气，能让人体细胞好好工作。有了氧气，我们所有的器官才能正常运转。可以说，氧气是我们赖以生存的最基本、最重要的物质，比食物和水还重要！

氮气

氧气

其他气体

你知道吗 ？

空气的成分

空气是混合物,以氮气和氧气为主。按体积计算：氮气约占 78%，氧气约占 21%，氦、氖、氩、氪、氙、氡等稀有气体，以及二氧化碳、臭氧、水蒸气等其他气体和杂质约占 1%。

离开食物和水，我们还能坚持几天，可一旦离开氧气，我们仅仅能坚持几分钟。所以，我们才需要反复地吸气、呼气。这种进进出出的气体交换任务，是由呼吸系统完成的。

我们的呼吸系统，由呼吸道和肺构成。其中，呼吸道包括鼻、咽、喉、气管和大大小小的支气管，它们是气体进出肺的通道。肺分为左肺和右肺，并包含着大量肺泡，它们是完成气体交换任务的地方。

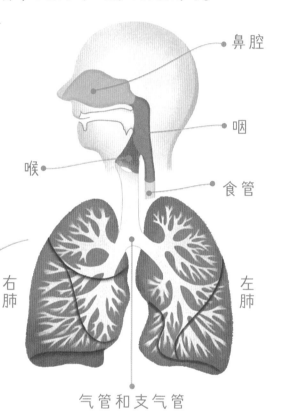

鼻腔

咽

喉

食管

右肺

左肺

气管和支气管

"气管树"和肺泡

人体的气管，有两条最大的分支：左主支气管和右主支气管。在此基础上，支气管还会继续分为叶支气管、段支气管、小支气管、细支气管、终末细支气管等多个级别，并逐级变细。气管的整个分级体系，像极了倒过来的满是枝杈的大树。正是顺着这些繁茂的"枝杈"，我们吸进来的氧气才到达了肺泡。

肺泡是肺的主要结构，数量有上亿之多。经估算，如果把肺泡挨个排列，竟然有篮球场的四分之一那么大！

新鲜空气被我们吸进呼吸道之后，会进入肺泡。其中的氧气（O_2）将继续进入肺泡周围的毛细血管网，然后随血液走遍全身，并被我们的细胞充分利用。

血液还会把人体代谢产生的废气——二氧化碳（CO_2）送回肺泡周围的毛细血管网。而二氧化碳，也会进入肺泡，并在呼气时通过呼吸道排出体外。

吸进、呼出、吸进、呼出……人类正是依靠这种反复进行的气体交换，来保持生命活力的。

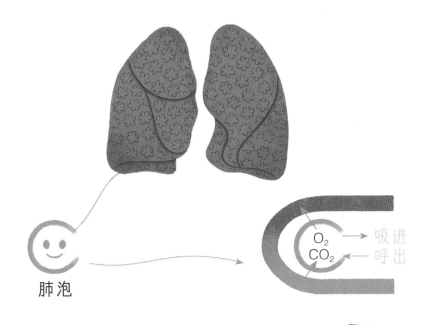

肺泡

O_2
CO_2

吸进
呼出

你知道吗？

嘴巴算不算呼吸系统的一员

尽管我们的嘴巴和鼻子都能吸进空气，但鼻腔里的黏液和水分，对空气有清洁、湿化和加温的作用，而口腔却没有这些本领。更关键的是，如果长期只用嘴呼吸，失去了鼻腔的清洁湿化作用，长期会损伤气道，短期会出现口干、咽炎、腺样体面容等。这可不是呼吸系统成员该有的表现。所以，在定义呼吸系统时，嘴巴被"除名"了。

　　一位留着"蘑菇头"的小姑娘，一边唱着歌，一边在院子里开心地跳绳。

　　正在空中飞舞嬉戏的氧精灵（氧分子）、氮精灵（氮分子）等气体分子，也乘着轻风，飞到小姑娘的周围，穿梭、追逐、嬉戏……

　　一个叫阳阳的氧精灵和一个叫蛋蛋的氮精灵好奇地飞到小姑娘嘴边，听她唱着动听的歌。

氧精灵和氮精灵是谁

前面讲过，空气中含有氧气和氮气。而氧气呢，是由无数氧分子组成的气体；氮气呢，是由无数氮分子组成的气体。所以，空气的主要成分，实际上就是无数的氧分子和氮分子。故事中的氧精灵和氮精灵，说的就是它们。

突然，一股强劲的风袭来，阳阳和蛋蛋被卷进了一个大黑洞中。

　　"这是什么鬼地方？黑咕隆咚的！"蛋蛋一边挣扎，一边尖叫。

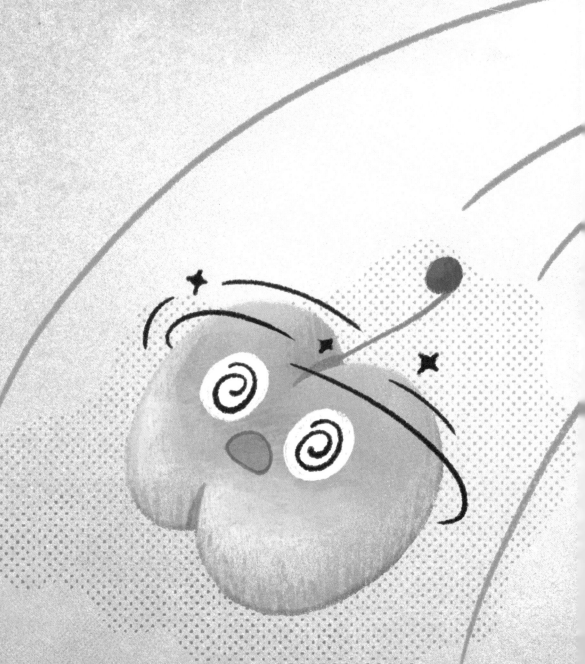

　　呵呵，小家伙们还不知道呢，它们被卷进小姑娘的鼻孔里啦。

"哎呀！"

"黑洞"里再次响起蛋蛋的叫声。原来，在穿越洞口的一片"黑树丛"时，蛋蛋被"树木"绊了一下，一头栽倒了。

洞里到处黏乎乎的，像一片片沼泽。蛋蛋小心翼翼地站起来，担心地大声呼喊："阳阳——阳阳——"

不久，阳阳有了回应。

"蛋蛋，我还好。"爱干净的阳阳一边挣扎着爬起来，一边开始抖搂身上的灰尘。

"咦，奇怪？刚才我还脏兮兮的，怎么现在干净了呢？"

阳阳先看了看湿滑的四周，发现洞里长了许多"小草"，又回头看了看刚刚经过的"树丛"，它一下子明白了——哈哈，没错，正是洞里湿乎乎的黏液，还有"小草"和"树丛"把它清理干净的。

鼻子里的毛

鼻子里的毛，主要有鼻毛和鼻纤毛两种。

鼻毛就是故事中的"树丛"。它们是鼻腔里生长的特殊毛发，对着镜子，我们就能看到它们。它们能阻挡灰尘、细菌等进入鼻腔。

鼻纤毛就是故事中的"小草"。它们分布在鼻黏膜的柱状纤毛细胞上，比鼻毛细小得多，我们要借助显微镜才能看到它们。它们会有规律地摆动，把灰尘、细菌等"推"走。

鼻子里的毛和鼻黏膜产生的黏液，都有净化鼻腔的作用，它们共同组成了呼吸系统的第一道防线。

除此之外，阳阳又发现"洞里"
还有许多像自己一样的氧精灵，也
有许多像蛋蛋一样的氮精灵。它们
来来往往，密密麻麻。

　　"蛋蛋！蛋蛋！这是哪儿？我
们该往哪里走？"阳阳问。

　　蛋蛋也一脸茫然地摇了摇头。

　　见它俩都是一头雾水，旁边一个氧精灵搭话了："你们
好！我叫琪琪，你俩是第一次来这里吧？"

　　"是的，我叫阳阳，它叫蛋蛋。我俩被一阵风卷到了这里。
请问这是什么地方？"阳阳疑惑地问道。

　　"哈哈，这里是'蘑菇头'小姑娘的鼻腔。"琪琪笑
着答道。

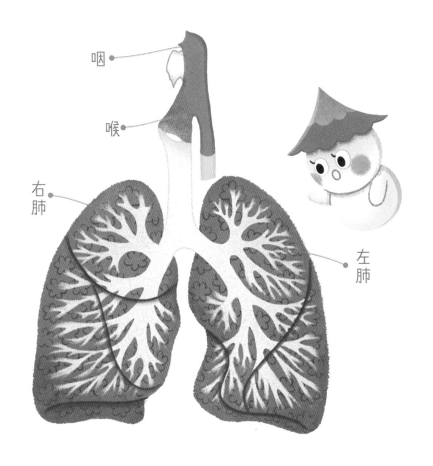

咽

喉

右肺

左肺

　　"哦，'蘑菇头'！我很喜欢她，希望她也喜欢我！"阳阳高兴地说。

　　"放心吧，我们氧气，最受人类欢迎了。他们得不停地吸收我们，才能维持生命。"琪琪得意地说。

　　"哦，咱们竟然这么有用！"阳阳高兴得眯上了眼。

　　"那当然啦！不过，咱们首先要经过咽、喉、气管、支气管，并到达一个叫肺泡的'小房子'，然后才能去执行维持人类生命的任务。这一路上难免辛苦，但咱们也能增长很多有趣的见闻呢！"琪琪显得很博学。

　　"既然这样，咱们赶紧走吧！我想早些完成任务！"阳阳有点儿等不及了。

　　就这样，阳阳和琪琪出发了，与它们同行的，还有蛋蛋和其他精灵。

精灵们唱着歌，很快来到了咽部。

"咦？这里怎么有好多稀泥巴？"半天没说话的蛋蛋问。

"这是鼻腔里的黏液。"琪琪回答，"还记得那些'小草'吗？它们会从前向后摆动，把黏液从鼻腔传送到这里。这些黏液还有名字呢——鼻涕。哈哈哈哈……啊！"

突然，一股热风从"黑洞"深处猛吹出来，吹得大家东倒西歪。

等到重新站稳，蛋蛋又问："怎么回事？来台风了吗？"

"别怕，是'蘑菇头'在向外呼气呢。"琪琪解释道。

由于小姑娘在持续地呼吸，所以，风向经常变换，一会儿吹向洞里，一会儿吹向洞外，大家的行进也因此忽快忽慢。

好不容易快要离开咽部了，一个被堵上的岔路口出现在大家面前。阳阳和蛋蛋心里犯起了嘀咕，这个岔路会通到哪里呢？

你知道吗？

我们每分钟呼吸几次

一般来说，成年人每分钟呼吸 12~20 次，1 岁以上儿童每分钟呼吸 20 ~ 30 次，1 岁以下儿童每分钟呼吸 30 ~ 40 次，新生儿每分钟呼吸甚至超过 40 次。

还没想明白，他们就听见琪琪说："向喉部前进，大家跟我来。"

　　"琪琪，那个路口是通往哪里的呢？"阳阳想弄清楚原因。

　　"咽部是人类进食和呼吸的共用通道，它与口腔、鼻腔、食管、喉，都是相连的。从现在的位置，要是向口腔或鼻腔走，咱们将离开'蘑菇头'；要是向食管走，咱们将进入她的胃里；只有向喉部进发，咱们才能到达气管和肺部。"琪琪自信地答道。

　　"琪琪，你懂得可真多！"阳阳由衷地敬佩它。

"这些见闻算什么？待会儿咱们还能看到、听到、经历到更多好玩儿的事情，快走吧！"琪琪催促道。

于是，大家快速地挤进了喉部的两扇门。

"哇，喉部的双开门真气派！"精灵们感叹道。

"那其实不是门，是'蘑菇头'的声带，她说话、唱歌，都得靠声带发出声音呢。"琪琪懂得真多，简直就是一本百科全书。

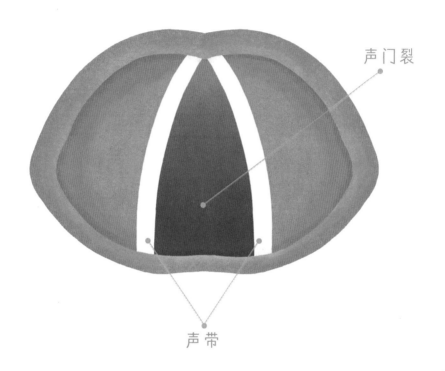

声门裂

声带

两扇门是什么？——我们的声带

声带是人类发声的主要结构，位于喉部，左右各一。声带张开时，出现一个等腰三角形的裂隙，称为声门裂，空气从这里进出，这里也是喉部最窄的地方。当呼出的气流引起声带振动的时候，我们就能发出声音了。

精灵们边走边聊，很快就穿过喉部，来到了气管。

宽阔的气管大道上，同样满是"草丛"，它们正不停地摆动，把一些混浊的黏液向外面推。

"这儿怎么还有鼻涕呢？"阳阳很好奇。

"小傻瓜，气管里面的黏液可不是鼻涕，而是痰。另外，气管和鼻子有个共同点，都能给自己打扫卫生。那爱干净的劲头，就跟你差不多。"琪琪一边纠正一边捂嘴笑着说。

你知道吗？

鼻纤毛的亲戚——气管纤毛

气管纤毛和鼻纤毛的作用相似，都能净化我们吸进来的空气。此外，气管纤毛也会定向摆动，能把由黏液和灰尘、病菌等异物混合成的痰液，推向喉部和咽部。它们就是"绿化"气管的"草丛"。

走着走着，眼前居然又出现一个岔路口，这回该走哪条路呢？可爱的精灵们又开始挠头了。

琪琪再次站出来，大声说："过了这个路口，前面就是'肺小镇'了，左边这条路，通向'左肺小镇'，右边这条路，通向'右肺小镇'。"

阳阳放眼望去，果然，两座小镇拔地而起。

再仔细一看，左边小镇有两大片房屋群，右边小镇有三大片房屋群。而且，这一群群的房屋外观精巧、错落有致，阳阳心里忍不住暗自惊叹。

你知道吗？

"小镇""房屋群"是人体的什么结构？
——了解肺的分区

人体有左、右两个肺（故事中的两个"小镇"）。左肺有上、下两叶，右肺有上、中、下三叶（"小镇"的五大片房屋群）。大家还记得"气管大树"吗？我们的肺，就是以这棵"大树"为基础构建的。

"等进了小镇，我们还要沿着大大小小的路，也就是各级支气管，分别到达远处的那些小房子里面。听说那些房子的数量，加起来有好几亿呢！对了，差点儿忘了告诉你们，那些小房子，就是肺泡。"看着大家期待的眼神、向往的表情，琪琪的语气越来越激动，"我们的任务就要开始啦。"

（肺泡）

精灵们再也忍不住了，"哗"的一下四散开来，涌进了两边的小镇。

越往前走，小路越多，路面越窄。终于，精灵们来到了一座座小房子跟前。它们来不及多想，陆续进到小房子里面。

"快！哪间房子精灵少，我们就去哪间。"看到阳阳和蛋蛋被挤得不知所措，琪琪果断地说。

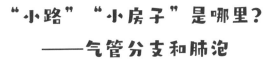

"小路""小房子"是哪里？
——气管分支和肺泡

　　气管的分支可达 20 级甚至更多，最后一级最细的支气管还能分成 2~3 个或者更多个肺泡管，这些非常细小的支气管和肺泡管就是故事里的"小路"。每个肺泡管又连着 2~3 个肺泡囊，肺泡囊里有很多肺泡，也就是故事里的"小房子"。

终于，琪琪、阳阳和蛋蛋，进入了一栋比较清静的房子。

房子里非常整洁，一进门，几个好朋友便凑到窗前向外观望。这一望，真是大开眼界。

原来，每栋房子的窗外都有曲曲弯弯的小溪流过。溪流中还漂浮着许多只红色的小船（红细胞）。已经有许多氧精灵翻出窗户，坐着小船走了。

"跑大老远，就为跳窗坐船？这样就能维持人类生命了？"阳阳有点儿疑惑。

"哈哈，事情可不仅仅是坐船这么简单。那些已经上船的氧精灵，会随着溪流游遍'蘑菇头'体内需要氧的地方，并在那里参加代谢、产生能量，这样就能维持人类的生命啦。"琪琪笑着解释道。

氧气怎样进入血液，到达全身？

组成氧气的氧分子，喜欢从浓度高的地方向浓度低的地方移动。就好比一滴墨汁落水后，墨水会立刻向四周散开那样。

吸气时，我们的肺泡（小房子）里涌进了大量的氧分子，于是，氧分子浓度升高。接下来，它们就要向浓度低的地方移动了。那么，什么地方的氧分子浓度低呢？哈哈，答案是肺泡周围的许多条毛细血管（房子周围的小溪）。

这下懂了吧，氧分子们就是以这样的方式轻松穿过肺泡并进入毛细血管的。接下来，它们就要随着血管里的血液逐渐流遍全身啦。

正聊着，阳阳又望见一队暗红色的小船从远处漂来，船上坐的是一群陌生的精灵。

"它们是谁？"

"它们是人体代谢产生的废气——二氧化碳。小红船把咱们氧精灵接走以后，会在返航时把二氧化碳精灵带回来。然后，这群家伙就可以从窗户钻进小房子，并趁着呼气离开人体了。"

你知道吗

氧分子和二氧化碳分子怎样随着血液"走"？

血液里有种成分，叫红细胞（小红船）。它的内部，含有血红蛋白（船上的座位槽）。这种蛋白质能结合氧分子和二氧化碳分子，因此，红细胞才有了运送氧分子（氧精灵）和二氧化碳分子（二氧化碳精灵）的本领。所以说，表面上，氧分子和二氧化碳分子是随着血液"走"，实际上，它们是随着红细胞或者说血红蛋白"走"。

血液没有运送氮分子（氮精灵）的本领，是因为血液中没有能结合氮分子的细胞（船只）或蛋白质（座位槽）。

正常情况下，红细胞会把氧分子送到我们身体各处，再顺便从这些地方，把身体的废料——二氧化碳分子带回肺泡周围的毛细血管（小房子外面的小溪）。这时，毛细血管中的二氧化碳浓度就升高了。然后，二氧化碳分子也会向浓度低的地方进发，也就是离开这些毛细血管进入肺泡，并随着呼气离开我们的身体。

阳阳点点头，接着说："琪琪，我还有个发现，这些小红船会变色。没人坐时，它们是自带的红色；坐上氧精灵时，它们就更加鲜红；坐上二氧化碳精灵时，它们的颜色就暗了下去。哦，对了，我怎么没见过氮精灵坐在船上呢？"

"其实，蛋蛋它们上不了船。你看见那些暂时空着的小红船了吗？那上面的座位槽是特制的，只有少数几种气体分子才能坐上去，比如咱们和二氧化碳精灵。所以，蛋蛋它们没办法继续前进了。它们与那些来不及上船的氧精灵，将跟着二氧化碳精灵一起被排到体外。还有，下次呼气就要开始了，咱俩该跟蛋蛋道别并赶快登船了。"琪琪无奈地说。

你知道吗？

红细胞的颜色

由于单独一个红细胞就含有大量的血红蛋白，所以实际上，即使仅有一个红细胞，也能同时结合多个氧分子和二氧化碳分子。结合氧分子多的红细胞，呈现鲜红色；结合二氧化碳分子多的红细胞，呈现暗红色，也就是故事中"小船"呈现不同颜色的原因。

同样道理，鲜红色的红细胞多，血液就呈鲜红色；暗红色的红细胞多，血液就呈暗红色。

"蛋蛋，你可要……可要好好保重呀。"想到即将和好朋友分别，阳阳有些难过。

　　"别伤心，我对人体的确没啥帮助，能跟来长长见识已经挺开心了。再说，自然界的化学物质是循环的，我们总有机会再见面的。"蛋蛋忍住眼泪，并安慰伙伴。

　　分别的时候到了，阳阳一扭头，抓着窗户边框，准备翻出去……

谁知这时候，窗外突然涌进来一大群二氧化碳精灵！整栋房子也瞬间震动、收缩起来，这可把阳阳吓坏了。

　　原来，"蘑菇头"又在呼气了。

　　与此同时，房屋变小，它被二氧化碳精灵们簇拥着离开了小房子，并不断倒退。

你知道吗 ?

呼吸时，肺泡（小房子）如何变化

　　吸气时，肺泡鼓起；呼气时，肺泡缩小。

"琪琪、蛋蛋，救命……"阳阳急得大喊。可混乱中，琪琪和蛋蛋都不见了。

　　阳阳被气流一路推着，退回到了支气管、气管、喉部、咽部，最后从鼻腔里被推了出来。

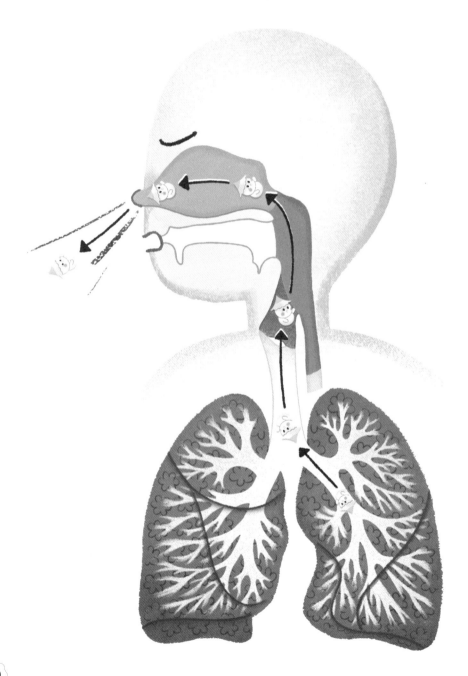

"我怎么出来了？不行，我还没完成任务呢！"阳阳急忙转身，想再飞到"蘑菇头"的鼻孔里去。可是，它试了几次都没成功。终于，"蘑菇头"进屋去了，阳阳被挡在了门外。

阳阳很沮丧，它决定先去找蛋蛋和琪琪，然后再做打算。可它找啊找，怎么也找不到。

　　过了许久，孤独的阳阳又来到了"蘑菇头"家附近。透过敞开的窗子，它看见"蘑菇头"正紧闭着双眼躺在床上，妈妈在一旁哭泣。原来，趁妈妈外出的时候，"蘑菇头"想学妈妈做饭，可她没有关紧煤气阀门，导致煤气中毒了。

快来啊！

来啦！

阳阳不知如何是好，急得团团转。突然，它想起了自己刚才的经历，顿时有了主意。

它冲着天空大喊："伙伴们，快来救人啊！"

听到呼救，空气中的氧精灵们纷纷来到"蘑菇头"身边。

　　"快，跟我走！我们到'蘑菇头'的肺泡里去，把煤气挤出来！"阳阳大声号召道。在它的带领下，氧精灵们一路飞奔，迅速占领了大片"房屋"，把大量煤气——一氧化碳恶魔，从"房屋"里挤了出去。

"伙伴们，我们的任务还没结束，看到窗外的小船了吗？那上面还有很多残余的敌人，我们要把它们赶下船，不能让它们再往前一步！冲呀！"

阳阳小手一挥，氧精灵们纷纷翻出窗外，跳进小船。只是大家救人心切，太过踊跃，阳阳又被挤倒在地……

尽管一氧化碳恶魔死死地占据着小船，但氧精灵们群情激愤、前赴后继，终于在一番殊死搏斗之后，把强占"座位槽"的一氧化碳恶魔陆陆续续地赶了下去。

"敌人越来越少啦！"

"生命第一！"

"健康万岁！"

窗外传来了氧精灵们的高呼声。

正当阳阳挣扎起身，准备去完成未尽的任务时，"蘑菇头"又呼气了……阳阳再一次退出了小姑娘的鼻孔。

　　"阳阳！"突然，一声
热情又熟悉的呼唤声传来，
原来是琪琪。

　　"琪琪……"阳阳迫不及待地向琪琪说起了这次特别
的经历，"可是，我还是没登上小红船，没完成原定的任务，
呜呜呜！"阳阳委屈的眼泪再也忍不住了。

妈妈——

　　琪琪十分敬佩阳阳所做的一切，它由衷地说道："不，你勇敢的壮举超越了我之前所有的见闻。你真是个大英雄！你听——"

　　"妈妈！妈妈！"

清醒过来的"蘑菇头"轻声喊着妈妈。

　　看到"蘑菇头"脱离生命危险，阳阳终于露出了笑容。它不仅能维持生命，更能挽救生命。它已经超额完成任务啦！

今天实在太开心了！阳阳和琪琪手拉着手，飞到花园中，兴奋地唱起歌。温暖的阳光下，大树爷爷正向着它们微笑。一大群氧精灵，也从大树爷爷的"绿胡子"里钻了出来。

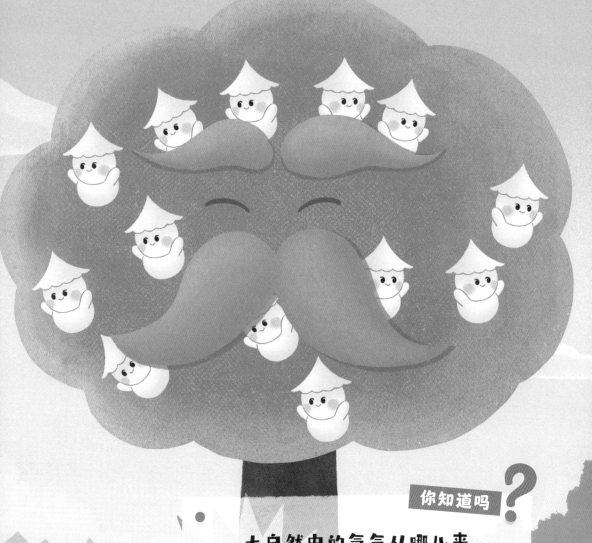

你知道吗？

大自然中的氧气从哪儿来
——绿色植物的光合作用

绿色植物能通过光合作用，不断吸收空气中的二氧化碳并释放出氧气。这样能维持自然界中二氧化碳和氧气的平衡。

更令阳阳惊喜的是，前方不远处有个熟悉的身影，正是好朋友蛋蛋。

"蛋蛋！蛋蛋！"阳阳激动地大叫着。

"阳阳！太好了，我正到处找你呢！刚才，咱们明明都被吹了出来，你去哪儿了呀？"

"嘿，告诉你吧，我又回到'蘑菇头'的肺泡里了，我还救了她呢！"

"我不信，你肯定是在吹牛。"蛋蛋表示怀疑。

"我没骗你，这次的肺泡小屋跟上次的可不是同一栋，还有呀……"

太阳要下山了，月亮快出来了，三个小伙伴迎着红色的晚霞，朝茂密的森林深处飞去……

❶ 什么是煤气中毒？

主要指一氧化碳中毒。

❷ 一氧化碳为什么危险？

一氧化碳分子特别容易跟血红蛋白结合，它们的结合力比氧分子与血红蛋白的结合力强 200 多倍。所以，一氧化碳一旦侵入人体，将快速霸占血红蛋白，逼走氧气，致使人体缺氧甚至死亡。

不仅如此，一氧化碳分子与血红蛋白结合后，还很难分开，即使最终分开，也需要经过很长时间。所以，故事里这样描述——"死死地占据""陆陆续续地赶了下去"。

❸ 一氧化碳会带来什么异常？

头晕、没劲儿或者呕吐，再严重就是昏迷。

一氧化碳无色无味，为了引人警觉，人们会把一些有异味的气体掺进煤气。所以，屋里的难闻气味，也算一种异常。

4 一旦发现这些不对劲的事情，小朋友该做什么？不该做什么？

关闭

如果确实会正确使用煤气，马上关闭煤气阀并告诉大人；如果不会，更要马上告诉大人；如果大人不在家或已经中毒，马上跑出家门呼救；万一家门打不开，马上开窗通风并呼救。

小朋友还要注意：煤气泄漏时，千万不能点火、开灯、开抽油烟机、开排风扇，也不能打开电器；逃生时不能坐电梯，应走楼梯；也不能在室内打手机，而是到远离泄漏煤气的地方；等等。

快来人啊！

5 小朋友如何避免一氧化碳中毒？

没有大人在身边时，不要使用煤气；发现煤气灶上的水烧开后，提醒大人关火；闻到异味或看见灶台上的火被浇灭时，赶紧告诉大人；不在通风不好的地方使用燃气热水器洗澡；如果在冬季用煤炉取暖，煤炉不要放在卧室，睡前要确认煤炉彻底熄灭；如果在密闭的室内吃炭火锅，也要小心；如果长时间待在停着的汽车里，提醒大人关闭发动机或打开车窗；等等。

6 一氧化碳能中毒，二氧化碳也能吗？

能！

二氧化碳

快跑！

小朋友们还记得吗，二氧化碳分子也喜欢从浓度高向浓度低的地方移动。所以，只要人体外的二氧化碳浓度超过人呼出的二氧化碳浓度，就会引发二氧化碳中毒。菜窖、酒窖、深井、地道、山洞里的二氧化碳浓度比较高，所以，小朋友们尽量避免在这些地方玩耍。

图书在版编目（CIP）数据

氧精灵见闻记 / 赵静著；李依芯，刘朝阳绘. —
北京：人民卫生出版社，2024.4
（发生在人体里的科普童话）
ISBN 978-7-117-34892-8

Ⅰ. ①氧… Ⅱ. ①赵… ②李… ③刘… Ⅲ. ①氧气—
儿童读物 Ⅳ. ①O613.3-49

中国国家版本馆 CIP 数据核字（2023）第 113988 号

人卫智网	**www.ipmph.com**	医学教育、学术、考试、健康，购书智慧智能综合服务平台
人卫官网	**www.pmph.com**	人卫官方资讯发布平台

发生在人体里的科普童话
氧精灵见闻记
Fasheng Zai Renti Li de Kepu Tonghua
Yang Jingling Jianwenji

著：赵　静
绘：李依芯　刘朝阳
出版发行：人民卫生出版社（中继线 010-59780011）
地　　址：北京市朝阳区潘家园南里 19 号
邮　　编：100021
E - mail：pmph @ pmph.com
购书热线：010-59787592　010-59787584　010-65264830
印　　刷：北京顶佳世纪印刷有限公司
经　　销：新华书店
开　　本：710 × 1000　1/16　印张：3
字　　数：34 千字
版　　次：2024 年 4 月第 1 版
印　　次：2024 年 4 月第 1 次印刷
标准书号：ISBN 978-7-117-34892-8
定　　价：35.00 元
打击盗版举报电话：**010-59787491**　E-mail：**WQ @ pmph.com**
质量问题联系电话：**010-59787234**　E-mail：**zhiliang @ pmph.com**
数字融合服务电话：**4001118166**　E-mail：**zengzhi @ pmph.com**

55检